Te 80 34

AF224531

DU TRAITEMENT

DE

L'ANÉVRISME EXTERNE

PAR LA COMPRESSION INDIRECTE

et particulièrement par la compression exercée avec les doigts

A L'OCCASION

DE DEUX NOUVEAUX CAS DE GUÉRISON

PAR L'EMPLOI DE CE PROCÉDÉ.

TRAVAIL LU A LA SOCIÉTÉ DE MÉDECINE D'ANGERS DANS SA SÉANCE DE MARS 1859

PAR

LE Dr G. MIRAULT

Chevalier de la Légion-d'Honneur, professeur à l'École de médecine d'Angers, chirurgien en chef de l'Hôtel-Dieu, membre correspondant de l'Académie impériale de médecine, de la Société de chirurgie de Paris, des Sociétés médicales de Genève, de Marseille, etc., etc.

ANGERS

IMPRIMERIE DE COSNIER ET LACHÈSE

CHAUSSÉE SAINT-PIERRE, 13

1860

DU TRAITEMENT

DE

L'ANÉVRISME EXTERNE

par la compression indirecte et particulièrement par la compression
exercée avec les doigts,

A L'OCCASION DE DEUX NOUVEAUX CAS DE GUÉRISON

PAR L'EMPLOI DE CE PROCÉDÉ.

Messieurs,

Les anciens, quand ils opéraient l'anévrisme à l'exemple d'Antyllus, c'est-à-dire quand ils ouvraient, vidaient
et bourraient sa cavité avec une substance irritante,
pour y exciter un travail de suppuration ; qu'ils appli-
quaient ensuite plusieurs ligatures, tant au-dessus
qu'au-dessous de la tumeur, les anciens, dis-je, fai-
saient courir de grands dangers à leurs malades ; aussi
la méthode d'Anel, que perfectionna Hunter et à la-

quelle les modernes ont fait subir d'heureuses modifi-
cations, fut-elle accueillie comme un immense progrès.
A l'enthousiasme qu'elle fit naître dans le monde chirur-
gical, il put sembler que, sous ce rapport, l'art avait
atteint son apogée. Cependant la ligature de l'artère principale d'un membre, quoique pratiquée à distance du sac
anévrismal, n'est point, non plus, exempte de périls,
puisque le sphacèle de ce membre, la mort même peuvent en être les suites. Ces redoutables éventualités ont
irrésistiblement ramené, dans tous les temps, l'attention
des praticiens vers la compression, méthode comparativement innocente. A voir les efforts qu'ils ont faits pour
en perfectionner les agents, on dirait qu'ils n'ont jamais
désespéré de la faire prévaloir sur la ligature. C'est
ainsi que le tourniquet de Morel fut remplacé par celui
de J.-L. Petit; qu'à celui-ci fut substitué le cercle compresseur de James Moore, dit de Dupuytren, modifié si
ingénieusement par M. Broca. Pour atteindre ce but si
désiré, on variait tour à tour les instruments et leur
mode d'application : d'abord, on se borna à comprimer
l'artère sur un seul point, puis vint le procédé *Alsacien*,
qui, par ses pelotes multiples, appliquées sur des points
différents du vaisseau, permit d'exercer la compression
sur chacun d'eux, alternativement, et rendit celle-ci
plus supportable.

L'origine de ce procédé intéresse particulièrement
notre Société de médecine. Inventé par Belmas et mis
en pratique pour la première fois à Strasbourg, c'est
un Angevin qui nous l'a fait connaître. Guillier de la
Tousche, vous le savez, Messieurs, dans sa thèse inau-
gurale qu'il soutint en 1825, en a décrit avec soin le

manuel, et a exposé, d'une manière fort remarquable,
la théorie de l'oblitération du sac anévrismal traité par
la compression indirecte. On a lieu d'être surpris qu'un
travail qui introduisait dans cette méthode un si grand
perfectionnement, soit passé pour ainsi dire inaperçu
et qu'il ait fallu, pour qu'on ne le perdît pas, peut-
être, que les chirurgiens irlandais le réinventassent,
et missent en lumière toute sa valeur par de mémo-
rables cures. C'est donc à ces derniers, naturellement,
que l'honneur en eût été rapporté si le savant auteur
du *Traité des Anévrismes* n'avait rétabli la vérité des
faits, en prouvant que ce procédé, auquel il a donné
le nom d'*Alsacien*, pour rappeler son point de départ,
appartient à notre pays.

Avec des instruments si parfaits et appliqués d'une
manière aussi rationnelle, ne dut-il pas paraître que
toutes les indications seraient remplies. Ainsi on pouvait graduer la compression à volonté, changer sa di-
rection suivant le besoin, la faire porter tour à tour
sur des points différents, en limiter l'action à l'artère.
Vains efforts! Malgré le déploiement de moyens si in-
génieux, le plus souvent les douleurs étaient telles que
les malades ne pouvaient supporter longtemps la compression, et, si l'on insistait, que des ulcérations, des
eschares même se manifestaient.

C'est dans cet état des choses que se produisit la
compression digitale. En 1845, M. Greatrex ayant à
traiter un anévrisme poplité, sur une femme dont la
sensibilité forçait d'interrompre fréquemment la compression, eut l'idée de faire alterner l'action d'un compresseur mécanique avec celle des doigts de plusieurs

aides qui se relevaient successivement, par intervalles. Les effets de cette tentative durent dépasser l'attente du chirurgien, car vingt-quatre heures de l'emploi combiné de ces deux procédés de compression suffirent pour faire cesser les battements du sac anévrismal.

Un fait aussi considérable, s'il fût resté isolé, n'aurait eu peut-être qu'un faible retentissement; mais d'autres cas de guérison publiés par MM. Parker, Wood, de New-York, et Tuffnel, sont venus le sanctionner et présagent que la compression digitale est appelée à jouer un grand rôle dans le traitement de l'anévrisme externe. Toutefois, jusque-là elle ne pouvait être considérée que comme un auxiliaire de la compression instrumentale. Il était réservé à M. Knight, de New-Haven, de prouver qu'à elle seule la compression digitale peut guérir cette redoutable maladie. Ce fut encore à l'occasion d'un anévrisme du creux du jarret que le chirurgien américain obtint ce magnifique succès.

Malgré l'importance de ces résultats, la compression digitale n'avait point attiré les regards des chirurgiens de notre continent, lorsque, en 1857, M. Vanzetti, professeur à l'Université de Padoue, communiqua au Congrès de Bonn deux autres exemples de guérison par ce même moyen. D'autres faits ne tardèrent point à se produire. L'année suivante, en effet, le chirurgien que je viens de citer, vint lire à l'Académie des sciences de Paris, un mémoire où sont consignés sept cas de même genre et non moins heureux, tirés tant de sa propre pratique que de celle de ses compatriotes, MM. Gherini, de Milan, Gelmi, de Vérone, et Riberi, de Turin.

C'est à partir de cette communication que le nouveau

procédé de compression s'est répandu rapidement en France et en Belgique. MM. Nélaton, Verneuil, Houzelot (de Meaux), Marjolin, et Michaud (de Louvain), apportèrent successivement le tribut de leurs travaux en faveur de la compression manuelle (1). Toutefois comme il importe d'établir non-seulement son efficacité mais encore sa supériorité sur les autres procédés de compression, il est du devoir de chaque praticien de publier les faits qui peuvent contribuer à la solution d'une question si intéressante. C'est pourquoi, Messieurs, je viens vous communiquer les deux observations qui suivent :

OBSERVATION PREMIÈRE : *Anévrisme traumatique de l'artère brachiale. Emploi du tourniquet de J.-L. Petit, qui ne peut être supporté. Substitution de la compression digitale, d'abord intermittente et ensuite continue. Guérison en dix jours.* — Le nommé Girardeau, de Chavagnes (Maine et Loire), cultivateur, âgé de 35 ans, vint me consulter le 15 juin 1857 pour une tumeur qu'il portait au pli du bras droit, et qui s'était manifestée huit jours après une saignée de la veine médiane basilique. Cette tumeur, sans changement de couleur à la peau, était souple et en partie réductible. A la vue et au toucher on y constatait un mouvement d'expansion et des battements isochrones à ceux du pouls, qu'on faisait cesser en comprimant la brachiale, et qui reparaissaient aussitôt qu'on abandonnait cette artère

---

(1) Depuis que j'ai présenté cet opuscule à la Société de médecine d'Angers, d'autres cas de guérison ont été publiés par les journaux, je le sais, mais j'ai dû l'imprimer sans y faire aucun changement

à elle-même. L'oreille appliquée sur cette tumeur, y percevait un bruit de souffle caractéristique. Vers sa partie moyenne on apercevait la cicatrice de la saignée. Dans le voisinage s'étendait une large ecchymose, et du gonflement existait à l'avant-bras et à la main; c'était évidemment un anévrisme.

Cet homme fut placé le jour même à la communauté de Saint-Charles, d'Angers, où je me proposais de le traiter par la compression. Le lendemain, en effet, j'y procédai de la manière suivante : d'abord un bandage roulé fut appliqué sur toute l'étendue du membre; ensuite je plaçai sur la tumeur elle-même trois rondelles d'agaric, superposées les unes aux autres, et que je fixai par un bandage en huit de chiffre; enfin j'appliquai le tourniquet de J.-L. Petit à la partie moyenne du bras, et je le serrai de manière à intercepter incomplétement le cours du sang dans l'artère humérale. Le malade se mit ensuite au lit ayant le bras étendu sur un coussin de balle d'avoine, la main plus élevée que le coude.

Malgré l'attention que j'eus de serrer modérément le compresseur, de le desserrer même de temps en temps presque complétement, des douleurs ne tardèrent pas à se faire sentir et elles devinrent si vives qu'au bout de deux jours il me fallut renoncer à ce mode de compression.

Attribuant ces fâcheux effets à l'imperfection des instruments dont je m'étais servi, je demandai à M. Charrière l'instrument de M. Broca. L'habile fabricant me répondit que de tous ceux qu'il avait fournis pour la compression de l'artère brachiale, aucun n'avait été supporté. C'est alors que je songeai à la compression digitale, pour l'application de laquelle je trouvai dans les sœurs hospitalières d'utiles auxiliaires.

Du 20 au 25 juin la compression de la brachiale fut faite de six heures du matin à neuf heures du soir, sans interruption et de manière à suspendre totalement les battements dans la tumeur.

Le 25, l'anévrisme, sans avoir diminué de volume, était moins mou; il me parut que le sang commençait de s'y coaguler. Craignant que par suite de l'intermittence de la compression le traitement ne vînt à se prolonger, je pris, ce même jour, le parti de recourir à la compression permanente. A cet effet, je m'adressai à quelques-uns des élèves de notre école de médecine, qui s'offrirent avec empressement à comprimer la nuit, tandis que les sœurs continueraient leur office le jour. La compression fut ainsi appliquée, avec le plus grand soin, les 26, 27 et 28, pendant lesquels la tumeur devenait graduellement plus consistante. Le 29 au matin elle était dure et ses battements avaient disparu.

Le 1er juillet, Girardeau, que son traitement avait fatigué, demanda à s'en retourner à Chavagnes. J'y consentis après lui avoir appliqué un bandage roulé pour dissiper un léger engorgement du membre et lui avoir recommandé le repos.

Le 11 du même mois il revint à Angers. Je pus constater alors que la guérison s'était maintenue et que la tumeur avait diminué très notablement de volume. Les mouvements du bras étaient si libres que cet homme demandait à reprendre ses travaux.

OBSERVATION DEUXIÈME : *Anévrisme traumatique de l'artère humérale traité par compression digitale intermittente ; guérison après seize heures de compression.* — Pierre Arrouet, laboureur, âgé de 69 ans, d'une constitution encore vigoureuse et de tempérament sanguin, fut saigné du bras droit, à Daumeray, canton de Durtal, à la fin de mars 1858. Le sang, mêlé de rouge, suivant l'expression du malade, jaillit avec impétuosité et l'on eut beaucoup de peine à l'arrêter. A l'instant même apparut au pli du bras une tumeur assez grosse, aplatie et dans laquelle des pulsations se firent bientôt sentir. Arrouet ne soupçonna point la gravité de son état, et comme il n'éprouvait aucune douleur, il y fit peu d'attention et continua son travail.

Cependant, un mois après, trouvant que sa tumeur avait augmenté sensiblement, il alla consulter deux honorables confrères, MM. Benoist (de Châteauneuf), et Hervé (de Morannes), qui reconnurent que l'artère brachiale avait été blessée et lui conseillèrent de se rendre à Angers, pour se faire traiter.

Arrouet y vint, cinq semaines après l'accident. A ce moment, la tumeur avait le volume d'une pomme d'api et j'y reconnus facilement, comme sur Girardeau, les signes d'un anévrisme. Immédiatement je le fis entrer à la communauté de Saint-Charles et, le 1er mai, la compression digitale, indirecte, fut appliquée pendant cinq heures, c'est à dire de quatre à neuf heures du soir.

Le malade dormit la nuit suivante, mais son sommeil fut agité.

Le lendemain, 2 mai, la compression fut reprise à

sept heures du matin ; à deux heures de l'après midi, l'anévrisme commençait à durcir; à sept heures du soir il ne présentait plus aucun battement. En examinant le membre, après la coagulation du sang dans le sac, je reconnus que les pulsations de l'artère humérale existaient dans toute son étendue et même au côté interne de la tumeur; et que celles de la radiale qui, avant le traitement, étaient faibles comparativement à celles de la même artère du côté opposé, avaient repris leur force normale.

Sorti de la comunauté le 10 mai, Arrouet revint me voir le 21 du même mois. L'anévrisme était en voie de résolution et tout annonçait que le succès serait définitif.

J'ai rapporté les deux observations qui précèdent comme des exemples de guérison d'anévrismes par la compression digitale. Cela ne fait point question chez Arrouet, pour lequel je n'ai eu recours à aucun autre moyen. Quant à Girardeau, on contestera peut-être qu'il en ait été ainsi, en disant que deux procédés de compression ayant été mis en usage, il est rationnel d'attribuer le résultat à leur action successive. Je ne suis pas de cet avis. Rappelez-vous d'abord, Messieurs, qu'au moment où j'ai dû renoncer à la compression mécanique, aucun changement appréciable ne s'était encore manifesté dans la tumeur. En admettant même que des caillots eussent commencé de s'y former, cet effet devrait être considéré comme insignifiant, attendu que sans la compression digitale, la compression mécanique n'eût point abouti, par suite de l'impossibilité où le malade s'est trouvé de supporter le tourniquet. La seule chose qu'on puisse dire en sa faveur, c'est qu'elle a abrégé, je le suppose, la durée de l'emploi de la compression manuelle; office bien minime puisqu'on aurait pu y suppléer avantageusement par une application un peu plus longue de ce dernier procédé de compression. D'après ces considérations, je crois qu'il est logique d'attribuer tout l'honneur de la cure à la compression digitale.

La compression par les doigts des aides, comme celle par les différents tourniquets, n'est pas employée suivant un mode toujours uniforme. Elle peut être *complète, incomplète, continue* ou *intermittente*. Habituellement on associe entr'eux ces diverses espèces de procédés hémostatiques, qui ont leurs avantages respectifs, suivant telle ou telle période du traitement. On n'applique plus, seule, la compression complète ou totale. Les accidents qu'on observe quelquefois après la ligature, indiquent suffisamment les inconvénients qu'il pourrait y avoir à supprimer tout à coup et pour un temps plus ou moins long, le cours du sang dans l'artère principale d'un membre. Ce mode s'allie très-bien au contraire avec l'intermittent, et c'est ce que j'ai cru devoir faire sur mes deux malades. C'est la compression *en deux temps* de M. Broca, qui préfère intercepter *incomplétement* la circulation dans le premier temps et *totalement* dans le second. Il me semble que ces deux manières de procéder sont également bonnes, mais que la première est peut-être plus facile et moins fatigante pour le patient.

Je n'ai pas assujetti mes malades aux préparations

diététiques ou autres que conseille **M.** Vanzetti et auxquelles ce chirurgien distingué attache de l'importance. L'indication peut sans doute s'en présenter quelquefois, mais je crois qu'elles sont rarement utiles. A moins d'avoir affaire à un sujet pléthorique, pourquoi, par exemple, recourrait-on à la saignée? serait-ce pour favoriser la formation des caillots en diminuant l'effort de l'ondée sanguine? Mais ce qui peut être indiqué dans le traitement de l'anévrisme interne, par la méthode de Valsalva, attendu qu'on n'a pas d'autre moyen de ralentir la circulation, est sans but contre l'anévrisme externe, puisque dans le traitement de celui-ci ou peut agir directement sur l'artère malade. A un autre point de vue, la saignée peut être contraire, car en diminuant la proportion de la fibrine, elle affaiblit la propriété qu'a le sang de se coaguler.

L'introduction, encore récente, de la compression digitale dans la pratique, a soulevé plus d'une objection. Quelques-uns l'ont accueillie avec défiance, d'autres lui reprochent d'être d'une exécution difficile, d'exiger le concours d'un certain nombre de personnes éclairées, de causer beaucoup de fatigue à ceux qui l'appliquent. M. Broca voudrait qu'on en restreignît l'emploi à deux cas seulement : 1º lorsque la déviation du membre ne permet pas l'application des machines compressives; 2º quand l'irritabilité extrême de la peau s'oppose à tout autre mode de compression. Ces objections n'ont point prévalu. La compression, comme l'a fait remarquer déjà M. Michaud, n'exige, de la part des aides, ni beaucoup de dextérité ni des connaissances spéciales: il suffit qu'ils aient une intelligence ordinaire. D'autre part, pourquoi réserverait-on pour des cas exceptionnels, un procédé qui l'emporte sur tous les autres par la facilité de son exécution, sa douceur et la rapidité de ses effets? 1º Les artères axillaire, brachiale, fémorale, poplitée sont évidemment plus accessibles aux doigts qu'aux machines compressives, et celles-ci ne sont pas plus propres que ceux-là à varier le degré de la compression. 2º Tandis que la compression manuelle est pour ainsi dire inoffensive, la compression mécanique cause des douleurs qui la rendent habituellement intolérable. Quels que soient le volume et la forme que l'on donne à la pelote d'un tourniquet, elle comprimera toujours les nerfs satellites, en même temps que l'artère. Les doigts, au contraire, n'agissent que sur le vaisseau, et la pulpe qui garnit leurs extrémités est douée d'une souplesse que ne peut avoir le coussinet d'un compresseur. Il y a, entre ces deux agents de compression, toute la distance qui sépare naturellement un instrument aveugle d'un organe doué de sensibilité. 3º Quant au temps qu'exige la guérison, l'avantage reste encore à la compression digitale. Il faut des mois pour guérir un anévrisme par l'emploi des instruments; quelques jours, quelques heures même, suffisent souvent pour oblitérer le sac quand on se sert de la main. J'ai additionné le nombre de jours qu'a nécessité le traitement de treize malades qui ont été délivrés de leur mal par la compression digitale, et j'ai trouvé la somme de 39, ce qui fait à peu près trois jours pour chaque cas; résultat qui ne laisse point de doute sur la supériorité de ce dernier procédé. La différence que présentent sous ce dernier rapport les deux espèces de

compression s'explique par les accidents qu'entraîne
souvent avec elle la compression mécanique, et qui obli-
gent le chirurgien à en interrompre, à plusieurs re-
prises, l'application, tandis que l'action de la main,
très supportable, peut n'être suspendue qu'autant qu'on
le juge utile pour remplir une indication particulière.

Je ne terminerai point ce travail sans dire quelques
mots touchant la distinction que M. Broca a établie entre
les deux espèces de caillots que l'on rencontre dans les
tumeurs anévrismales, et qu'il a désignés sous les noms
d'actifs et de passifs. Cette distinction est fondée en
physiologie et en thérapeutique. Il est certain que les
concrétions fibrineuses qui se forment lentement et qui,
conséquemment, sont beaucoup plus dures, opposent
une digue plus solide au cours impétueux du sang, et
qu'elles mettent plus sûrement les malades à l'abri
d'une rechute ou d'autres éventualités fâcheuses. Mais
heureusement, le dépôt dans un sac anévrismal de
caillots actifs, n'est point la condition absolue d'une
guérison durable; ce qu'on sait de la compression digitale le prouve incontestablement. Quand les malades
guérissent en quelques heures, comme celui qui fait le
sujet de ma deuxième observation, ou même en quelques
jours, peut-on admettre que des caillots actifs se soient
formés en si peu de temps? Je ne le pense pas. Et cependant aucun de ces malades, que je sache, n'a éprouvé
de récidive. La présence d'un coagulum passif suffit
donc ordinairement à l'oblitération définitive d'un sac
anévrismal. Si la distinction établie par M. Broca avait
toute l'importance qu'y attache cet éminent chirurgien,
il faudrait, en quelque sorte, renoncer à la compres-

sion digitale, ou du moins la réserver pour les anévrismes anciens dont la cavité est déjà tapissée par des
couches plus ou moins épaisses de fibrine ; et, encore,
ne serait-on point assuré du succès, puisque, dans ces
derniers cas comme dans tous les autres, il se forme
nécessairement, en partie, des caillots passifs au moment où la guérison s'achève.

En résumé, Messieurs, la compression digitale est
un procédé facile à appliquer, d'une simplicité admirable, et qui n'entraîne après lui ni les douleurs ni les
autres accidents qu'on reproche justement à la compression mécanique. Ces avantages lui donnent une supériorité réelle sur les autres moyens hémostatiques
qu'on a opposés à l'anévrisme externe. Si mon pronostic
n'était pas prématuré, je dirais que le temps où elle
deviendra la méthode générale du traitement de cette
terrible maladie n'est pas loin de nous, et que la ligature de l'artère ne sera bientôt employée que pour des
cas exceptionnels ; bienfait immense de la chirurgie moderne, Messieurs, puisque alors un remède innocent
serait substitué à une opération périlleuse.

Angers, imp. Cosnier et Lachèse.